U0281246

图书在版编目（CIP）数据

贝乐虎儿童自救急救书. 脑袋大危机 / 徐惜麦著 ; 张敬敬绘. -- 北京 : 电子工业出版社, 2020.8
ISBN 978-7-121-39236-8

Ⅰ. ①贝… Ⅱ. ①徐… ②张… Ⅲ. ①安全教育 - 儿童读物 Ⅳ. ①X956-49

中国版本图书馆CIP数据核字(2020)第129625号

责任编辑：季　萌
印　　刷：北京缤索印刷有限公司
装　　订：北京缤索印刷有限公司
出版发行：电子工业出版社
北京市海淀区万寿路173信箱　邮编：100036
开　　本：889×1194　1/24　印张：12　字数：199.98千字
版　　次：2020年8月第1版
印　　次：2022年7月第2次印刷
定　　价：138.00元（全6册）

凡所购买电子工业出版社图书有缺损问题，请向购买书店调换。若书店售缺，请与本社发行部联系，联系及邮购电话：（010）88254888，88258888。
质量投诉请发邮件至zlts@phei.com.cn，盗版侵权举报请发邮件至dbqq@phei.com.cn。
本书咨询联系方式：（010）88254161转1860，jimeng@phei.com.cn。

贝乐虎儿童自救急救书

脑袋大危机

中暑＋晕厥＋呛水

徐惜麦 著　张敬敬 绘

電子工業出版社
Publishing House of Electronics Industry
北京·BEIJING

闪亮登场

贝乐虎院长

大海

米妮

小猛犸

聪聪

抒抒

石头

诞妹

朱迪

美子

啾啾

唐唐

北北

葫芦

“扬扬，快戴上 VR 眼镜！”小猛犸在旁边不停催促，可扬扬似乎并不着急。

“我……我想再等等。”扬扬不好意思地说。

小猛犸好像明白了什么，嘱咐了扔扔几句，就先离开了。

时间到了！扔扔看了看表，迅速地戴好 VR 眼镜。

“扔扔！扔扔！你来了吗？”

一个熟悉的声音传来，扔扔在明亮的光线中睁开眼睛，也开心地叫了起来：“聪聪！真的是你！”

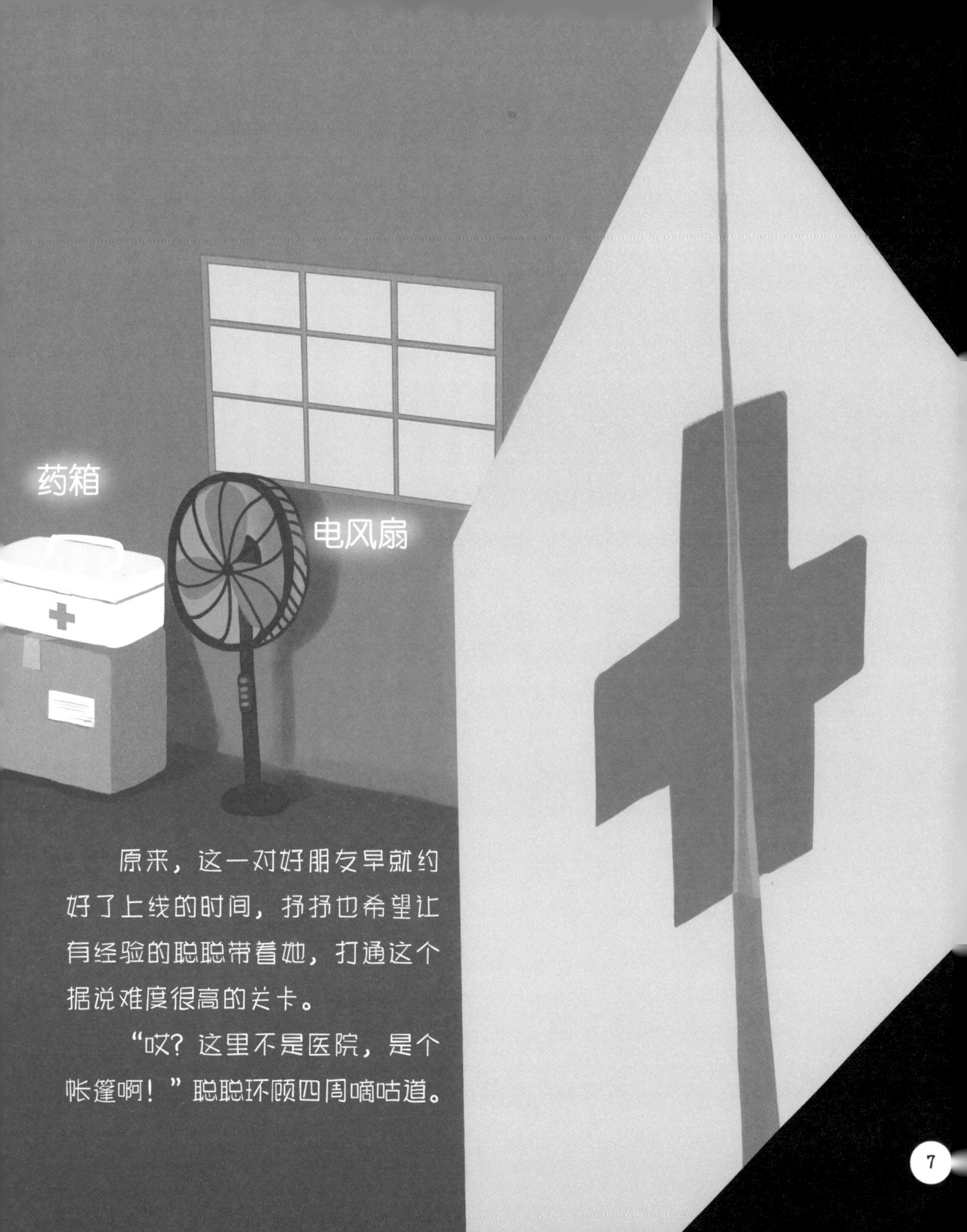

原来，这一对好朋友早就约好了上线的时间，扬扬也希望让有经验的聪聪带着她，打通这个据说难度很高的关卡。

“咦？这里不是医院，是个帐篷啊！”聪聪环顾四周嘀咕道。

“扬医生、聪医生，你们好。今天的工作地点就在这个医疗帐篷中，你们会在接诊过程中学习和掌握医疗设备的使用方法。在处理紧急情况的同时，别忘了患者的满意度哦，它会决定你们在游戏中的排名。”贝乐虎院长再次现身了。

“这些患者都是在野外受伤的吗？”扬扬问，可是贝乐虎院长早就“呼”地消失了。

“你觉不觉得好热？”聪聪抖了抖领子问。

“1号患者请就诊。”帐篷里不知从何处响起提示音。

一个脸色红红的女孩掀开帘子走了进来。

1号患者

“你怎么了？”聪聪问。

“我难受……”女孩蔫蔫地、不清不楚地说着。

“哪里难受？”聪聪扶住女孩，追问道。

“我也不知道，头疼、恶心，还有点儿看不清路……”

“这是怎么回事？”扬扬低声问聪聪。

“她皮肤好烫！”聪聪拉着女孩坐下，摸了摸她的额头，又问，“你来之前都干什么了？”

“今天学校春游，我们一个上午都在爬山。”女孩闭上了眼睛。

长时间待在高温环境中，体温在37.5℃以上，**出现头晕头痛、眼花耳鸣、面色潮红或苍白、注意力涣散、脉搏细弱、率加快等症状**，

疑似先兆中暑或轻度中暑。

扬扬最先发现了空中浮现的提示，她激动地拍着聪聪叫道：“你看！她可能是中暑了，快量量体温。”

聪聪通过触摸便十分肯定小女孩的皮肤温度很高。在提示的症状里，还有心率加快这一项，聪聪想女孩可能描述不出来，于是把女孩的胳膊放在桌子上，按住她的脉搏。

“1分钟的脉搏达到了120次，这么快？你觉得心慌吗？”

女孩点点头。

处理方法：

尽快离开炎热地点；使患者处于通风、凉爽的环境；适量补充淡盐水；给患者身体降温。

诊断：

中暑。

“咦，不用按提示操作就能确诊吗？”看着新出现的红字，扬扬一头雾水。

“扬扬，快，按提示做！”聪聪一边脱下小女孩的外套，一边催促扬扬。

“通风且凉爽环境？对了，电扇！”扬扬环顾四周，发现了电风扇，连忙跑过去打开它，帐篷里立刻凉快了许多。

口服补液盐

“扬扬！冲一杯淡盐水！”这时，聪聪一边用湿毛巾给女孩擦脸和胳膊，一边又发出了指示。

扬扬找到生理盐水包、杯子、暖瓶，用最快的速度冲了一杯温温的淡盐水。

女孩喝了半杯，脸上的潮红渐渐褪去了。

“滴！”电脑提示音响起来了，“1号患者满意度90%。”

聪聪开心地擦着汗，扬扬却一脸困惑。

“为什么我按照提示做，就不对。你按照提示做，就都对呢？”

“你说量体温吗？因为我已经摸到她了，能判断出她体温高。”聪聪说。

“可提示还说，要让患者离开炎热环境……”

聪聪一愣，哈哈笑起来：“她在外边中了暑，来到这里，实际上她已经离开炎热的环境了。扬扬，你不能这么死板，要结合实际情况啊。”

扬扬似懂非懂地点点头。“滴！”新的提示音又传来了——

“2号患者请就诊，3号患者请准备。”

面色苍白、皮肤湿冷、昏厥、脉搏细弱、血压下降，疑似中暑衰竭。
腹部或肢体阵发性抽筋，疑似剧烈运动后大量出汗引起的中暑痉挛。
2号患者

一个男孩跌跌撞撞地走进来，扑通一下倒在了地上。

两人都吓呆了。还是聪聪先反应过来，跑过去拍着男孩的脸喊：“同学！醒醒！天哪，他怎么这么凉？”

扬扬也跑过去，只见男孩脸色苍白，头发和衣服都被汗水打湿了。

这时，提示出现了。

这次，扬扬学着聪聪刚才的样子，给患者把脉。

“他的脉好难找啊！”扬扬小声说。

“那就是脉搏细弱的症状。”聪聪边说边跑去拿来血压仪，用经常帮奶奶量血压的方法给男孩量了一下血压。

“高压 80，低压 50。他的血压太低了。”聪聪嘀咕着。

“看，他的手好像还在抽筋，症状都符合，那就是中暑衰竭和中暑痉挛了！怎么让他醒过来啊？”扔扔着急地问。

昏厥处理方法：

立即使患者保持平躺姿势，确定其气道通畅，并检查呼吸和脉搏，解开衣领、腰带等，以免影响患者呼吸。降温方法可参考1号患者，抽筋部位可进行肢体屈伸、按摩和冰敷处理。

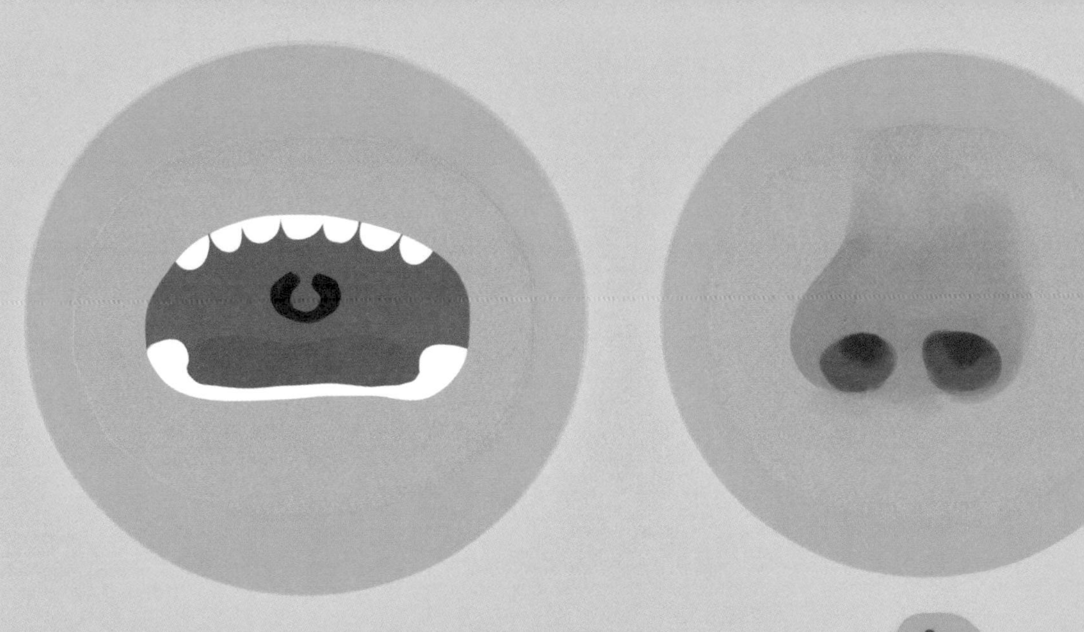

“已经平躺了，快检查他的鼻子和嘴！”

扬扬小心翼翼地掰开男孩的嘴，又趴着朝他的嘴里、鼻孔里看了半天，才说：“应该没什么东西堵着。”

聪聪拉开了男孩的外套，说：“还得降温！”

“哦！吹风扇！脱衣服！擦身体！喂水！”扬扬一下子想起来了！

聪聪正要给男孩抽筋的胳膊按摩时，男孩缓缓睁开了眼睛。

“他醒了！”聪聪和扬扬激动地叫起来。

扬扬连忙扭身去冲淡盐水，2 号患者终于恢复了一些意识。

“今天学校组织野外寻宝活动，我从早上到了就开始找，一直找到中午，马上就要凑齐线索了，结果我感觉越来越难受，没想到还晕倒了……”

“你这是重度中暑，很危险的！以后这么热的天气，一定要注意多喝水，多休息！”聪聪劝道。

“滴！”这时，帐篷中突然传出了提示音，“2号患者满意度85%，双重症状时未优先处理更危险症状（昏厥），满意度减15%。”

听到这儿，聪聪和扬扬皱起了眉头，我看看你，你看看我。

“下次注意吧。”聪聪安慰着扬扬。

“注意，3 号患者请就诊！”帐篷帘子被掀开，一对父子走了进来。

“大夫，能不能给我儿子检查一下身体？”高个的叔叔说。

“叔叔，他怎么啦？”扬扬没看出小男孩有任何外伤和不舒服的症状，纳闷地问患者爸爸。

“刚才游泳时，他呛了几口水。幸亏我知道儿童溺水不挣扎这个常识，及时把他救了起来。但到现在，都一个小时了，他还是无精打采的，犯困。会不会是惊吓过度？”

被患者爸爸这么一说，聪聪发现，小男孩真的有点儿“蔫”。

“你怎么样？难受吗？”聪聪拉着小男孩问。

呛水处理方法：

如明确发生呛水后 1 ~ 24 小时内，幼童有呼吸困难、胸部痛、精神乏力、注意力不集中、困倦的表现，可能肺部已进水，处于缺氧状态。这时不能让孩子睡着，请及时到正规医院排查呼吸道、肺部进水情况，以及检查血液中的含氧量。

“不知道，我就是又累又困，想睡觉……”小男孩答非所问。

“如果是惊吓过度，咱们这里怎么治疗？”听了小男孩的话，扬扬已经认定他没什么事，就是惊吓过度了。

可是还没等聪聪回答，提示就出现了。

“啊！叔叔！您得赶快把他送到大医院去！”还没看完，聪聪就意识到了问题的严重性，她一边看着提示，一边告诉患者爸爸。

“弟弟！弟弟你别睡啊！”扬扬突然发现3号患者蜷缩在椅子上快要睡着了，赶忙摇醒他。

“有这么严重吗？”患者爸爸慌了神。

“他现在是缺氧的症状！可能肺部有积水，这只能拍X光胸片才能确诊。”聪聪又看了一遍提示，对患者爸爸说，“不怕一万，就怕万一。您快带他去吧！”

“好！好！”爸爸抱起孩子跑了出去。

患者满意度

聪医生 90%

抒医生 80%

“恭喜你们！完成了贝乐虎急诊室户外医疗部分的体验游戏！聪医生沉着冷静，患者满意度达到了90%。抒医生进步也很快，但应变能力还有待加强，患者满意度80%。值得肯定的是，你们俩互相帮助，配合默契，要保持哦！”